上海市工程建设规范

园林绿化养护标准

Standard for landscape maintenance

DG/TJ 08—19—2023

J 11852—2023

主编单位:上海市绿化管理指导站

批准部门:上海市住房和城乡建设管理委员会

施行日期:2023 年 12 月 1 日

同济大学出版社

2023　上海

图书在版编目(CIP)数据

园林绿化养护标准 / 上海市绿化管理指导站主编
. —上海：同济大学出版社，2023.12
ISBN 978-7-5765-0974-8

Ⅰ. ①园… Ⅱ. ①上… Ⅲ. ①园林植物-园艺管理-标准-上海 Ⅳ. ①S688.05-65

中国国家版本馆 CIP 数据核字(2023)第 213845 号

园林绿化养护标准

上海市绿化管理指导站　**主编**

责任编辑　朱　勇
责任校对　徐春莲
封面设计　陈益平

出版发行　同济大学出版社　　www.tongjipress.com.cn
（地址：上海市四平路 1239 号　邮编：200092　电话：021 - 65985622）
经　　销　全国各地新华书店
印　　刷　浦江求真印务有限公司
开　　本　889mm×1194mm　1/32
印　　张　2.625
字　　数　71 000
版　　次　2023 年 12 月第 1 版
印　　次　2023 年 12 月第 1 次印刷
书　　号　ISBN 978-7-5765-0974-8
定　　价　30.00 元

上海市住房和城乡建设管理委员会文件

沪建标定〔2023〕248号

上海市住房和城乡建设管理委员会
关于批准《园林绿化养护标准》
为上海市工程建设规范的通知

各有关单位：

由上海市绿化管理指导站主编的《园林绿化养护标准》，经我委审核，现批准为上海市工程建设规范，统一编号为DG/TJ 08—19—2023，自2023年12月1日起实施。原《园林绿化养护技术规程》DG/TJ 08—19—2011和《园林绿化养护技术等级标准》DG/TJ 08—702—2011同时废止。

本标准由上海市住房和城乡建设管理委员会负责管理，上海市绿化管理指导站负责解释。

上海市住房和城乡建设管理委员会

2023年5月22日

前　言

根据上海市住房和城乡建设管理委员会《关于印发〈2020年上海市工程建设规范、建筑标准设计编制计划〉的通知》（沪建标定〔2019〕752号）的要求，标准编制组通过广泛调研，认真总结实践经验，参考国内外相关标准，并在广泛征求意见的基础上，对《园林绿化养护技术等级标准》DG/TJ 08—702—2011、《园林绿化养护技术规程》DG/TJ 08—19—2011进行合并，制定了本标准。

本标准的主要内容有：总则、术语、基本规定、园林绿化养护质量等级及质量要求、植物养护、园林绿化附属设施维护、其他维护。

本标准修订的主要内容包括：

1. 第4章第4.1.1条增加了公园绿地养护质量等级。

2. 第4章第4.4节增加了立体绿化养护质量等级及质量要求。

3. 第5章第5.2节调整了绿地植物元素分类，将原来的树林、树丛、孤植树元素调整为树木元素，树木又分为乔木、灌木、绿篱及造型植物和藤本植物元素。

4. 第5章第5.8节增加了行道树。

5. 第5章第5.9节增加了古树名木和古树后续资源养护技术。

6. 删除了文物养护、动物饲养、土壤理化性质标准。

7. 第7章第7.3节增加了绿地保洁，第7.4节增加了绿化植物废弃物处置，第7.5节增加了安全巡查。

8. 附录A删除了植物记录表。

9. 附录B删除了枯死树木记录表。

10. 附录C删除了园林绿化养护常用工具表。

11. 附录G增加了园桥、雕塑、监控设施、消防设施养护标准。

各单位及相关人员在执行本标准过程中，如有意见和建议，请及时反馈至上海市绿化和市容管理局（地址：上海市胶州路768号科技信息处；邮编：200040；E-mail：trx@lhsr.sh.gov.cn），上海市绿化管理指导站（地址：上海市建国西路156号；邮编：200020；E-mail：wangyy41@126.com），上海市建筑建材业市场管理总站（地址：上海市小木桥路683号；邮编：200032；E-mail：shgcbz@163.com），以供修订时参考。

主 编 单 位： 上海市绿化管理指导站

参 编 单 位： 上海市园林绿化行业协会
上海市园林科学规划研究院
上海市公园管理事务中心
静安区绿化管理中心
黄浦区绿化管理所
上海绿金绿化养护工程有限公司

主要起草人： 奉树成 严 巍 朱春玲 石 杨 李向茂
徐佩贤 王延洋 祁 军 胡 真 许晓波
崔心红 夏 星 朱 义 范慧妮 潘剑锋
张 博 张 琼 孙明巡 吴 瑾 张林娟
钟军珺 梁 晶 杨瑞卿 邹福生 王伟伟
张 群 顾顺仙 王本耀 乐笑玮 唐 瓴
尹燕臣 关乐禾 麦璐茵 陈婧倩

主要审查人： 李 莉 王 瑛 潘建萍 周玲琴 黄 岭
茹雯美 丁宏伟

上海市建筑建材业市场管理总站

目　次

Contents

1　总　则

1.0.1　为规范本市园林绿化养护作业，提升园林绿化养护质量，巩固园林绿化建设成果，制定本标准。

1.0.2　本标准适用于本市公园绿地、行道树、古树名木和古树后续资源、立体绿化和容器绿化的养护。其他类型的园林绿化的养护质量等级及质量要求可按照本标准执行。

1.0.3　本市园林绿化的养护除应符合本标准外，还应符合国家、行业和本市现行有关标准的规定。

2 术 语

2.0.1 地被植物 ground cover plants

用于覆盖地面的密集、低矮、无主枝干的植物。

2.0.2 单植地被 mono-cultured ground cover

一定范围的绿地中，只种植一种地被植物或只表现一种地被植物性状特征的地被应用形式。

2.0.3 混植地被 mix-cultured ground cover

不同种类地被植物在绿地同一区域中种植、共同生长，完成正常生长周期，并均能正常表现各自品种性状特征的地被应用形式。

2.0.4 近自然混植地被 close-to-nature mix-cultured ground cover

以乡土植物为主，模拟自然环境中的地被植物生长方式及数量比例，保持园林绿地植物群落自然状态的地被应用形式。

2.0.5 回缩修剪 retracting pruning

将树木二年生以上枝条剪截一部分的修剪方法。

2.0.6 观赏型草坪 ornamental turf

以绿化美化环境和观赏为目的、不耐踩踏的草坪。

2.0.7 开放型草坪 open turf

供人们休息、散步、游戏、文娱等活动之用且较耐踩踏的草坪。

2.0.8 草坪覆盖度 coverage of lawn

草坪植物地上部分的垂直投影面积与样方面积之比的百分数。

2.0.9 绿化植物废弃物 greenery waste

绿化植物生长过程中自然更新产生的枯枝落叶或绿化养护

过程中产生的乔灌木修剪物(间伐物)、草坪修剪物、花境和花坛内废弃草花以及杂草等植物性废弃材料。

2.0.10 有效土层 effective soil horizon

满足植物正常生长发育所需的土壤厚度。

2.0.11 园林绿化附属设施 landscape ancillary facilities

指公园绿地、行道树、古树名木和古树后续资源、立体绿化和容器绿化所在范围内,除植物、土壤等有机元素以外的各类硬质景观设施、基础设施和配套服务设施。

2.0.12 设施维护 facilities maintenance

指为了保证设施正常使用和运作而采取的日常维护与保养措施,包括修复或排除设施的轻微损伤或小故障。

3 基本规定

3.0.1 园林绿化养护包括植物养护、园林绿化附属设施维护和其他维护3个方面。

3.0.2 园林绿化养护质量包括树木、花卉、草坪和草地、地被植物、水生植物、竹类、行道树、古树名木和古树后续资源、立体绿化、容器绿化、园林绿化附属设施11个方面。

3.0.3 养护作业应符合下列规定：

1 除抢险、有照明条件外，严禁恶劣天气作业，不宜夜间作业。

2 作业时应在作业区设置警示标志，占道作业时现场应配备专职安全员。

3 高压线附近作业应符合安全距离要求。

4 养护作业应符合现行上海市工程建设规范《文明施工标准》DG/TJ 08—2102 的相关规定。

5 登高作业应符合现行上海市工程建设规范《建筑施工高处作业安全技术标准》DG/TJ 08—2264 的相关规定。

3.0.4 养护作业人员应每年接受安全和技术培训。

4 园林绿化养护质量等级及质量要求

4.1 公园绿地养护质量等级及质量要求

4.1.1 公园绿地分为一级公园绿地、二级公园绿地、三级公园绿地和四级公园绿地。

4.1.2 公园绿地养护质量等级及其质量要求应符合表 4.1.2 的规定。

表 4.1.2 公园绿地养护质量等级及质量要求

序号	项目	一级公园绿地	二级公园绿地	三级公园绿地	四级公园绿地	质量要求
1	树木	树木养护质量一级	树木养护质量二级	树木养护质量三级	树木养护质量四级	附录 A
2	花卉	花卉养护质量一级	花卉养护质量二级	参照花卉养护质量二级	—	附录 B
3	草坪和草地	草坪养护质量一级	草坪养护质量二级	草坪养护质量三级	草地养护质量要求	附录 C
4	地被植物	地被植物养护质量一级	地被植物养护质量二级	地被植物养护质量三级	近自然混植地被养护质量要求	附录 D
5	水生植物	水生植物养护质量一级	水生植物养护质量二级	水生植物养护质量三级	水生植物养护质量四级	附录 E
6	竹类	竹类养护质量一级	竹类养护质量二级	竹类养护质量三级	竹类养护质量四级	附录 F

续表4.1.2

序号	项目	一级公园绿地	二级公园绿地	三级公园绿地	四级公园绿地	质量要求
7	园林绿化附属设施	园林绿化附属设施养护质量一级	园林绿化附属设施养护质量二级	参照园林绿化附属设施养护质量二级	—	附录G
8	景观水体	安全、清洁、驳岸完好	安全、水面基本无杂物、驳岸基本完整	安全、水面无明显杂物、驳岸无明显缺损	安全、水面无明显杂物、驳岸无明显缺损	—
9	绿地保洁	绿地整体环境干净、整洁，垃圾及杂物随产随清	绿地整体环境基本干净、整洁，垃圾及杂物日产日清	绿地整体环境较干净、整洁，垃圾及杂物日产日清	绿地整体环境较干净、整洁	—

4.2 行道树养护质量等级及质量要求

4.2.1 行道树养护质量等级分为一级养护和二级养护。

4.2.2 行道树养护质量等级及质量要求应符合附录H的规定。

4.3 古树名木和古树后续资源养护质量等级及质量要求

4.3.1 古树名木和古树后续资源养护质量等级为一级养护。

4.3.2 古树名木和古树后续资源养护质量等级及质量要求应符合附录J的规定。

4.4 立体绿化养护质量等级及质量要求

4.4.1 立体绿化养护质量等级分为一级养护和二级养护。

4.4.2 立体绿化养护质量等级及质量要求应符合附录 K 的规定。

4.5 容器绿化养护质量等级及质量要求

4.5.1 容器绿化养护质量等级分为一级养护和二级养护。

4.5.2 容器绿化养护质量等级及质量要求应符合附录 L 的规定。

5 植物养护

5.1 一般规定

5.1.1 修剪应符合下列规定：

1 应根据植物生物学特性、生长阶段、生长习性、景观功能要求及栽培地区气候特点，选择相应的时期和方法进行修剪。

2 应及时修除枯枝、衰老枝、烂头、病虫枝、徒长枝、矛盾枝、过密枝等。

3 修剪的剪口应平滑，留芽方位正确，切口应在切口芽的反侧呈 45°倾斜；直径超过 5 cm 的剪锯口应及时涂防腐剂或生长素进行保护处理。

5.1.2 施肥应符合下列规定：

1 应根据植物生长需要和土壤肥力情况进行施肥。宜使用无污染、环保、长效的肥料，以有机肥为主，无机肥料为辅；不宜长期在同一地块施用同一种无机肥料。

2 应根据植物种类、规格、气候情况、生长阶段、肥料种类、施肥方式等不同确定施肥量和施肥周期。

3 施肥应避免对附近水体的污染。在水体 5 m 范围内施肥，应减少肥料用量并采取必要的措施控制肥料流失。

4 极端天气严禁施肥。

5.1.3 灌溉与排水应符合下列规定：

1 绿地内应有排灌水设施，宜安装自动灌溉设施；应按时检查灌溉系统，设施专人专管，确保运转正常。

2 应根据植物习性、生长发育阶段、生长状况、立地条件、气候状况、土质，适树、适地、适时、适量灌溉。灌溉时应防止水土流失。

3 以河湖、水库、池塘、雨水等天然水作为灌溉水源时，水质应符合现行国家标准《农田灌溉水质标准》GB 5084 的相关规定。

4 利用再生水作为灌溉水源时，水质应符合现行国家标准《城市污水再生利用　绿地灌溉水质》GB/T 25499 的相关规定。

5 高温季节灌溉宜在清晨或傍晚进行；冬季宜在温度较高的午间进行；春季萌芽前应适时浇足浇透返青水。

6 梅雨季节和台风暴雨前应检查排灌设施，暴雨后应及时排出积水。

5.1.4 松土除草应符合下列规定：

1 压实或板结的土壤应适时进行松土，保持土壤疏松。

2 松土应在天气晴朗且土壤不过分潮湿时进行，雨后不宜进行松土；松土深度以不伤根系为宜。

3 除草宜与松土结合进行，以人工除草为主，适当结合化学除草。

4 及时清除恶性杂草、攀缘性杂草和大型杂草。杂草控制在园林绿化养护类型相应等级的质量要求范围内。清除杂草不得破坏或影响植物根系生长。

5 化学除草剂使用应符合现行行业标准《除草剂安全使用技术规范　通则》NY/T 1997 的相关规定。

5.1.5 调整、抽稀和补植应符合下列规定：

1 植物长势衰弱、植株过密、冠层不完整、种植结构不合理、植物选择或配置不当等应进行调整。

2 抽稀应按照“留大去小、留强去弱”的原则，存在安全隐患或死亡的植物应及时移除，植物缺株应适时补植。

3 应根据植物的生态习性安排补植，补植宜选用与原有种类一致的植物，补植时应对周围其他植物采取保护措施。补植应符合现行上海市工程建设规范《园林绿化植物栽植技术规程》DG/TJ 08—18 的相关规定。

5.1.6 有害生物防控不得污染水源。有害生物防控应符合现行上海市工程建设规范《绿化植物保护技术规程》DG/TJ 08—35 的相关规定。

5.2 树 木

5.2.1 乔木修剪应符合下列规定：

1 应以疏枝为主；主干明显的树种，应保护中央主干，中央主干受损时应及时更替培养；无明显主干的树种，应调配各级分枝，端正树形。

2 落叶乔木应在落叶后至翌年萌芽前修剪；常绿乔木应在秋季新梢停止生长至春芽萌动前修剪。伤流树应在芽刚萌动前进行修剪，并在伤口涂防护剂。

3 应先剪除枯死枝、徒长枝，再由主枝的基部自内向外逐渐向上进行修剪。疏枝应自枝条基部修除，不留短桩；大枝短截应分段截枝。

5.2.2 灌木修剪应符合下列规定：

1 应根据开花习性进行修剪，注意保护和培养开花枝条，萌芽力弱的严禁回缩修剪；观果植物应在观果期后或采摘后修剪。

2 植株枝条分布应均衡。单株灌木应保持形态自然丰满；单一树种的灌木丛应保持树丛内高外低或后高前低的形态；多品种的灌木丛应突出主栽品种，并留出生长空间。

3 嫁接灌木应及时剪除砧木基部萌蘖枝。

4 春花型灌木以花后修剪为主，对萌芽力强的宜加强剥芽；休眠期应适当疏理过密细弱枝，修除病枝、枯枝等，不应齐干强截，不应对具有顶花芽的灌木花枝进行短截。

5 夏秋花型灌木应以休眠期修剪为主，通过疏枝和短截等方式调整冠型、控制高度。

6 冬花型灌木和观枝型灌木，冬季不应修剪，早春以疏枝为主，并剪除枯老枝。

7 多次开花型灌木宜休眠期修剪和生长期修剪相结合，休眠期修剪以短截疏枝为主，花后及时剪除直立营养枝、残花序和果序，同时可根据灌木开花习性和重大节庆活动时间节点，安排花期调控修剪。

5.2.3 绿篱及造型植物修剪应符合下列规定：

1 休眠期修剪以整形为主；生长期修剪以调整树势为主，剪除基部萌发的徒长枝、植株内部过密枝及病虫枝。

2 春季开花的绿篱冬季不宜整形修剪。

3 花篱生长枝叶稀少或生长势弱应摘心处理。

5.2.4 藤本修剪应符合下列规定：

1 栽植后，应以理藤和造型为主，根据其应用环境需求，培养一个或多个主枝，并及时进行横向牵引固定，使枝条均匀分布在棚架或围栏等载体立面上。

2 定植两年及以上的藤本，应定期翻蔓，清除枯枝，疏除衰弱枝、病虫枝和过密枝，注重老枝更新，保留健壮的萌蘖枝，并重新牵引、绑扎、固定；有光脚或中空现象时，应采用局部重剪或牵引等措施做到枝条分布覆盖均匀；生长势衰弱的可进行回缩修剪并复壮树势。

5.2.5 施肥应符合下列规定：

1 应根据树木种类采用沟施、撒施、穴施、孔施或叶面喷施等施肥方式。沟施、穴施均应在树冠投影边缘，施肥后应进行1次灌溉。撒施应与松土和翻土结合，撒施后应将肥料翻入土内。

2 宜每年施肥1次～2次，以有机肥或复合肥料为主；观花、观果、观色叶等植物宜每年施肥2次～3次；开花乔木花芽分化时应施磷钾肥，营养生长时宜补充氮肥；灌木冬季宜施有机肥，花芽分化期施以磷钾肥为主的复合肥，花后根据植物生长情况施用均衡性复合肥，开花期间不施肥。

5.2.6 暴雨期间积水可采用开沟、埋管、打孔等排水措施及时排涝。

5.2.7 抽稀和补植应符合下列规定：

1 因消除安全隐患而移除的，不必补植。

2 成荫树丛、树林内的缺株不必补植。

5.2.8 绑扎与扶正应符合下列规定：

1 应及时检查绑扎物，保持松紧适度；绑扎松散或损坏应及时更换。

2 除特殊景观要求外，树木倾斜超过10°应扶正；因人为或机械损伤倾斜的树木应及时扶正。

3 落叶树木扶正时间应在树木休眠期；常绿树木应在新芽萌发前，避开冰冻期。

4 扶正严禁生拉硬推。

5.2.9 应急防护应符合下列规定：

1 应在台风季节来临前做好树木支撑、枯枝修剪等防范措施；台风过后，受台风影响倾斜或倒伏的树木应加强养护管理，应视具体情况对树木进行疏枝、扶正、加固、加土等。

2 在低温来临前应对易受低温侵害的植物使用草绳等透气材料进行包裹，注意保护易受冻害的部位；连续5 d平均气温大于5℃应拆除包裹物。

3 降雪前应对枝条过密的树木，尤其是对树冠浓密的常绿乔灌木进行疏枝；降雪量较大时，应及时清除针叶树和树冠浓密的乔木上的积雪；受雪害倾斜、倒伏、劈裂的树木应及时扶正并处置劈裂伤口。

5.3 花　卉

5.3.1 浇水工具应用专用花洒，严禁大水漫灌或强水压灌溉。

5.3.2 观花、观果的花卉宜适当追施磷钾肥，观叶的花卉应施以氮肥为主的肥料。

5.3.3 花卉发芽前、生长期或花后修剪后应适当追肥。盛花期及高温期间不宜追肥。

5.3.4 花坛花卉应及时摘除残花及枯叶。

5.3.5 花境宿根花卉休眠期应做好裸露土壤覆盖。

5.3.6 花坛、花境养护应符合现行上海市工程建设规范《花坛、花境技术规程》DG/TJ 08—66 的相关规定。

5.4 草坪和草地

5.4.1 草坪草每次剪去的高度应少于草坪自然高度的 1/3。

5.4.2 最佳的施肥时间是温度和水分状况均适宜草坪草生长的初期或期间，当环境胁迫和病虫胁迫时应避免施肥。

5.4.3 草坪生长季节应以追施氮肥为主，并适当施用缓释型磷钾肥或复合肥。

5.4.4 灌溉依草种、土壤、季节及利用目的而定，每次灌溉应至少浸润坪床 20 cm。

5.4.5 草坪养护应符合现行上海市工程建设规范《园林绿化草坪建植和养护技术规程》DG/TJ 08—67 的相关规定。

5.4.6 草地修剪留茬高度宜为 10 cm～15 cm 或自然高度。

5.4.7 草地全年宜施肥 1 次～2 次。

5.5 地被植物

5.5.1 修剪应符合下列规定：

1 应控制适当高度，保持层次清晰、造型整齐或线条起伏自然。

2 应确保土壤的覆盖度，并保留和培养开花枝条。

3 混植灌木类地被应留出适当生长空间，其修剪方法应符合本标准第 5.2.2 条的相关规定。

4 蔓生性较强的地被，修剪应使枝蔓不侵占周边植物的生长空间。

5 单植地被及混植地被应及时清除枯花、枯枝、无观赏价值的宿存果实、寄生物及缠绕物；近自然混植地被在不影响景观面貌前提下，可减少修剪量。

5.5.2 气温连续 3 d 超过 35℃，地被植物早、晚宜增加喷灌、雾喷等措施。

5.5.3 植株死亡引起空秃，影响景观效果时应及时补植。

5.5.4 单植宿根类地被及混植宿根类地被休眠期应做好裸露土壤覆盖。

5.6 水生植物

5.6.1 修剪应符合下列规定：

1 夏秋期间应清除枯黄的挺水植物，控制扩散能力较强植物的蔓延；秋末冬初应及时清除有性繁殖能力较强水生植物的未成熟的种子；冬季应逐步清除水生植株枯萎部分，修剪留茬应低矮整齐。

2 4 月—9 月应控制水体内繁殖扩散能力较强的沉水植物，打捞外来入侵的浮叶植物。冬季应及时清除枯萎腐烂的浮叶、沉水植物。

3 容器栽培的水生植物应定期翻盆复壮。

5.6.2 应控制水体内以浮叶、沉水植物为食的鱼类、螺类的数量，在不影响水体景观的条件下，可在常水位下设置透明围隔。

5.6.3 春末及夏季应使用无公害药剂对虫害进行防控，并清除恶性杂草。

5.6.4 对水生植物及其相适应的水体环境应控制人工和外来资源的投入。

5.7 竹 类

5.7.1 除蔸应符合下列规定：

1 散生竹老竹修除后应在秋冬季进行除蔸，除蔸不宜过深；除蔸后宜进行竹蔸施肥。

2 丛生竹老竹丛每隔 3 年～5 年应在冬季挖除老化的竹蔸和根系，并及时施肥填土。

5.7.2 散生竹和丛生竹施肥应符合下列规定：

1 散生竹竹林内宜种植耐荫绿肥或地被，并结合松土将其翻入土中。

2 散生竹宜每年 3 月、6 月和 9 月施肥，以速效氮肥为主，每次施肥量宜 10 kg/亩～15 kg/亩。

3 散生竹秋季施肥以酸性有机肥为主，结合松土翻入土中，也可表层适当覆盖塘泥。

4 散生竹间伐除蔸后，可将残余竹蔸节隔打通，每蔸施用尿素或硫铵约 100 g 或复合肥 200 g，并覆土填平。

5 丛生竹宜在 6 月和 8 月各施 1 次肥，以尿素、硫铵等速效氮肥为主，宜施 0.5 kg/丛。

6 丛生竹秋季施肥以酸性有机肥为主，可结合松土开沟将有机肥翻入土中，用量宜为 30 kg/丛～50 kg/丛。

7 新植丛生竹在发芽展叶后可每隔半个月适当追施薄肥，秋后不宜施肥。

5.7.3 灌溉与排水应符合下列规定：

1 新植幼竹应适时浇水；出笋前后 2 个月和笋芽分化期间应保持充足的水分；遇到连续干旱天气，应浇行鞭水。

2 积水应及时排除。

5.7.4 孝顺竹和小琴丝竹易受大竹象危害，宜采用人工捕捉方式防治。

5.7.5 松土应符合下列规定：

1 每年秋季宜全面松土 1 次，散生竹松土深度 10 cm～15 cm；丛生竹松土范围应在竹丛周围 0.5 m～1 m 范围内，深度 15 cm～20 cm。

2 松土宜结合施肥进行。

3 松土过程中，应及时除去杂草、老鞭、竹蔸以及石块等杂物。

5.7.6 散生竹发笋前后不宜除草。

5.7.7 竹林结构调整应符合下列规定：

1 间伐应去老留新、去弱留强、去密留疏、去斜留直；散生竹间伐宜分别在 5 月—6 月和 11 月—12 月各进行 1 次；丛生竹间伐宜在 10 月—12 月进行。

2 发笋后应及时挖除病笋、枯笋、斜笋以及竹林外的笋，疏稀过密竹笋，并对笋穴进行覆土；发笋期间应采取围栏围护、人员看护等保护措施。

3 地被竹更新调整应贴地平茬割除，平茬时间宜在 4 月中下旬，宜每 2 年～3 年更新 1 次。

5.7.8 应急防护应符合下列规定：

1 台风、降雪来临前，应进行钩梢、疏梢。

2 倾斜倒伏的竹子应进行伐除或扶正，扶正前可进行钩梢和去顶。

3 应及时清除积雪，并剪除折断枝梢。

5.7.9 栽植 2 年后仍不发笋的，应在第三年春季挖除，并补植新母竹。

5.8 行道树

5.8.1 立地环境较差以及需要较高湿度的树木应及时充足灌溉，宜采取叶面喷雾，雾点应细密均匀。

5.8.2 修剪时应处理好树冠与公共设施（交通信号灯、交通指示牌、高压电线、电缆等各类城运设施）及周边建筑之间的矛盾；有避让上述构造物而需单侧修剪或者短截的需要时，必须兼顾整体树势均衡。

5.8.3 严禁对行道树进行树冠回缩性的强修剪，严禁采用“一剥到顶”的剥芽手法。

5.8.4 对无法通过人工攀爬作业的高大行道树，应采用机械登高等措施进行修剪。

5.8.5 盖板破损应及时更换，盖板内圈大小应随树干增粗及时调整，及时补充、耙平覆盖物，树穴周边有堆土、堆物、搭建等毁绿现象，应及时处理。

5.8.6 倾斜超过10°的中、小树木应扶正。

5.8.7 行道树养护应符合现行上海市工程建设规范《行道树栽植与养护技术标准》DG/TJ 08—2105 的相关规定。

5.9 古树名木和古树后续资源

5.9.1 应定期开展巡查与养护，并在上海绿化养护信息系统进行记录。

5.9.2 涉及日常养护外的古树复壮抢救作业应有专门的技措方案。

5.9.3 台风汛期后 24 h 内，古树保护范围应排干地表积水。

5.9.4 古树名木和古树后续资源养护应符合现行上海市地方标准《古树名木和古树后续资源养护技术规程》DB31/T 682 的相关规定。

5.10 立体绿化

5.10.1 养护单位应根据不同立体绿化形式制订详细养护方案，

并对灾害性天气制订专项预案。

5.10.2 应对立体绿化载体结构进行安全检查，所有结构件与建(构)筑物连接件应确保安全。

5.10.3 应根据天气情况适时灌溉，并保持排水通畅。

5.10.4 立体绿化植物生长应不影响交通及行人，并根据载体要求对植物生长进行控制。

5.10.5 立体绿化养护应符合现行上海市工程建设规范《立体绿化技术标准》DG/TJ 08—75 的相关规定。

5.11 容器绿化

5.11.1 修剪应符合下列规定：

1 应及时修剪残花、枯黄叶和病虫枝。

2 应根据植物生长习性，采用整形、疏枝、艺术造型、摘心、疏果等方法保持株型优美。

5.11.2 施肥应符合下列规定：

1 一、二年生花卉和宿根花卉上盆后，花蕾初露色应适当追肥；盛花期不宜施肥；花后宜适量施肥。

2 木本花卉生长期宜每月施 1 次有机肥，高温季节不宜施肥。

3 宜在土壤消毒期间将复合肥与土壤混合拌匀。

4 追肥宜点施、喷施。

5 不得将肥料施于花、叶上，施肥后应立即清水喷洒枝叶。

5.11.3 灌溉与排水应符合下列规定：

1 宜用可调节水量的花洒灌溉，不得将土壤冲到植株上或容器外。

2 容器内应铺设蓄水板、无纺布，并设置排水口。

3 应及时疏通容器排水口。

5.11.4 松土深度宜为 5 cm～10 cm。

5.11.5 补植应选择同品种同规格的植物。

5.11.6 容器维护应符合下列规定：

1 破损容器应及时修补或更换。

2 木质容器宜每年油漆2次。

6 园林绿化附属设施维护

6.1 一般规定

6.1.1 定期对设施进行检查和维护，发现故障、破损、结构不稳定等应及时处理；存在安全隐患时，应立即停止使用并采取抢险或应急防护措施；对使用率高及易发生安全隐患和事故的设施，应增加检测频度；暴雨台风季节前应做好预防性安全检查。

6.1.2 超过设计使用寿命或安全技术规范规定使用年限要求的设施应停止使用或予以报废。

6.1.3 修补、加固或更换部件，所用材料宜与原材料一致，材质与周边环境相协调，并确保新旧材料牢固结合。

6.1.4 专业器材和特种设施应由有相应维修资质的单位进行维护，重新投入使用前应做好安全风险评估。

6.1.5 严禁在园林绿化附属设施上乱涂写、乱刻画、乱张贴。

6.1.6 维护过程中，应对重要设施的维护部位、项目、数量、方法、用料标准、旧料利用和改善要求等作详细的查勘记录，并及时将检查、维护、保养资料归入技术档案。

6.1.7 维护过程中应做好现场安全维护，设置醒目警示标志或告知书等。

6.2 园林建(构)筑物

6.2.1 应定期开展完损状况、结构完好性以及安全使用检查，具体应符合现行国家标准《民用建筑可靠性鉴定标准》GB 50292 和现行上海市工程建设规范《房屋修缮工程技术规程》DG/TJ 08—

207 的相关规定。

6.2.2 园林古建筑应定期检查外观、装饰件、构造材料及结构安全等，维护措施应符合现行国家标准《古建筑木结构维护与加固技术标准》GB/T 50165 和现行行业标准《古建筑修建工程施工与质量验收规范》JGJ 159 的相关规定。

6.2.3 厕所维护要求应符合现行上海市地方标准《公共厕所保洁质量和作业要求》DB31/T 525 的相关规定。

6.2.4 文教性、服务性建(构)筑物应干净整洁，其经营不应影响绿化。

6.2.5 管理性、生产性建(构)筑物应保持整洁，设备运转正常。

6.2.6 亭、廊、水榭等应定期油漆，外观应整洁完好。

6.2.7 园桥维护应符合下列规定：

1 应定期检查桥体结构，桥体外观应整洁完好。

2 桥面铺装应平整，无松动、缺损。

3 排水孔应排水通畅。

4 城市桥梁的结构检测应定期由专业机构负责，并应符合现行行业标准《城市桥梁养护技术标准》CJJ 99 的相关规定。

6.2.8 花架应保持油漆、粉刷面清洁完好。

6.2.9 围栏和围墙大面积的修复应设临时围护隔离。

6.3 道路和地坪

6.3.1 道路和地坪应保持清洁，无垃圾及痰迹。

6.3.2 应平整稳固，表面及伸缩缝应及时检查维护，无缺损、翘动、凹陷。

6.3.3 绿地内因展览或活动等临时铺设道路地坪，活动结束应及时拆除，恢复绿地。

6.3.4 应急通道应整洁通畅，有明显标识，严禁放置杂物。

6.3.5 停车场地维护应符合下列规定：

1　停车场地应有明显的停车标志和设施。

2　地上机动车、非机动车停车场及其设施应保持功能正常，地下停车场的出入口应保持通畅，通风采光口的绿化种植应与之相协调。

6.4　假山和叠石

6.4.1　假山叠石每年检查不应少于2次。

6.4.2　基础预埋件如有松动或裂痕等应及时修复；踏步松动应及时加固。

6.4.3　不适于攀爬的假山叠石或危险处应规范放置醒目的警示标志和防护设备。

6.4.4　应及时清除对假山结构造成威胁的植物。

6.4.5　假山构筑内部的通道、山洞、石室等应定期检查维护其照明、通风及排水设施，定期请专业公司对假山内部结构进行探伤检测。

6.4.6　孤赏石、铭牌石应保持面貌完好常新。

6.4.7　假山石缝应保证安全。

6.4.8　人造山石结构及面层材料应不得超出安全使用年限，并保持无锈损。

6.4.9　修补应与原来的材质和外观保持基本一致。

6.5　园桌、园椅和园凳

6.5.1　应每日早晚清扫、洗刷游人经常接触的桌面、表面及周围地面。

6.5.2　应保持油漆面清洁完好，每年油漆1次；油漆未干时应设置醒目警示标志。

6.6 娱乐健身设施

6.6.1 娱乐设施维护应符合现行上海市地方标准《小型游乐设施安全 第3部分:运营管理要求》DB31/T 914.3 的相关规定。

6.6.2 健身设施维护应符合现行国家标准《公共体育设施 室外健身设施的配置与管理》GB/T 34290 和《公共体育设施 室外健身设施应用场所安全要求》GB/T 34284 的相关规定。

6.6.3 演出场所舞台、看台等设施的安全维护应符合现行行业标准《演出场所安全技术要求 第2部分:临时搭建演出场所舞台、看台安全技术要求》WH/T 42 的相关规定。

6.7 垃圾箱

6.7.1 应每日清除污物并清洗消毒,保持箱体内外清洁;清洗后污水应排入污水道。

6.7.2 垃圾箱应完整无损,垃圾分类标识清晰。

6.8 雕 塑

6.8.1 严禁攀爬、敲打和涂划。

6.8.2 风动、机械力移动转动雕塑应由专业人员定期检查维护。

6.9 标识标牌和宣传设施

6.9.1 标识标牌维护应符合下列规定:

1 应定期保洁,确保文字和图示清晰;标识信息应定期更新。

2　发现标识丢失、破损、移位应及时修复或更换。

6.9.2　宣传设施维护应符合下列规定：

1　各项陈列资料应有专人负责，保持完整清洁。

2　布告、宣传资料、临时设置的横幅等应在活动有效期过后及时更换或拆除。

6.10　水景设施

6.10.1　应及时打捞漂浮物和沉淀物，清理水池，定期观测水质和水量。

6.10.2　使用前应对电线、电缆、潜水泵等电气设施进行常规检查，每周1次固定检测。对水景设备定期维护保养，并做好记录。

6.10.3　定期检查水景防护设施，发现破损或漏水应及时修补。

6.10.4　水体上的汀步、石矶、通道等应确保无破损或松动。

6.10.5　喷泉、喷雾设备应符合下列规定：

1　喷嘴、过滤系统、潜水泵、泵坑、管道、水下彩灯等部件应每周检查1次，定期保养防腐；发现堵塞应及时清理；发现泵坑盖破损、丢失应及时修复、更换或补齐。

2　水篦子、下水口等应确保无破损或松动。

6.11　给水和排水设施

6.11.1　雨水收集设施、窨井、进水口、涵洞、闸门、泵房等外露的排水设施老化、损坏应及时更新。

6.11.2　喷灌龙头、喷泉喷嘴、饮用水嘴、供水龙头等外露给水装置应保持完整清洁，气温0℃以下应采取保温措施。

6.11.3　给排水管线应检修疏通，排水管道应无污染、无渗漏；应定期对下水管道灭四害。

6.12 灯光和照明设施

6.12.1 灯光和照明设施应有明显标识。

6.12.2 临时外接照明供电设施、外搭设备应有专人检查和值守，结束后应及时拆除。

6.13 广播和监控设施

6.13.1 广播设施应有明显标识。

6.13.2 安保、通信、监控设施、网络等弱电系统应有专业人员负责管养，定期维护。

6.14 消防设施

6.14.1 消防设施应完好，有明显标识，周边无遮挡。

6.14.2 消防通道应畅通，无阻碍、无占用。

6.14.3 应由专人定期进行消防器具的检查并记录检查结果。

6.15 无障碍设施

6.15.1 养护管理单位对无障碍设施应有防冻、防滑、防爆、防淹等预案；灾害性天气应采取相应措施。

6.15.2 无障碍设施维护应符合现行国家标准《无障碍设施施工验收及维护规范》GB 50642 的相关规定。

7 其他维护

7.1 土壤维护

7.1.1 土壤 pH、EC 值、有机质、有效土层和石砾含量等基本指标应符合现行上海市工程建设规范《园林绿化栽植土质量标准》DG/TJ 08—231 的相关规定；土壤的水解性氮、速效磷、有效钾和阳离子交换量（CEC）应符合现行行业标准《绿化种植土壤》CJ/T 340 的相关规定；土壤指标不满足以上规定的，应进行土壤改良。

7.1.2 土壤裸露区域应及时覆盖。覆盖物应符合现行上海市地方标准《绿化有机覆盖物应用技术规范》DB31/T 1035 的相关规定。

7.2 水体维护

7.2.1 水体水质应符合下列规定：

1 严禁污水排入，控制雨水、灌溉水等超标直排。

2 水质应符合现行国家标准《公园设计规范》GB 51192 中关于水质的规定。

7.2.2 应保持水面清洁，无漂浮物；应建立水域保洁与清运日志。

7.2.3 水体水位低于设计常水位 0.3 m～0.4 m 时，宜及时补水；台风暴雨季节应加强水位调控和安全措施防控。

7.2.4 水体及沿岸安全警示标志应明显清晰，位置合理；驳岸、池壁、亲水平台等人工构筑水体要素应定期检查，确保安全稳固、无缺损、整洁；水景与净化设施及水系循环、动力及排灌设施应定期开启，保持运行正常。

7.3 绿地保洁

7.3.1 整理杂物，应及时清除垃圾、渣土、污水、烟头、纸屑、瓜果皮核、粪便及其他污物。

7.3.2 保洁作业应保护绿化，不得损坏花草树木。

7.3.3 应按垃圾分类要求分类处置，及时清运垃圾，不得随意堆放，不得焚烧。

7.3.4 垃圾转运场地应与游览区分隔；垃圾的运输、处理过程应密封；所涉及场所应无污染、无臭味、无蚊蝇孳生。

7.4 绿化植物废弃物处置

7.4.1 绿化植物废弃物应资源化利用，不应直接焚烧或者作为垃圾处理，不得与建筑垃圾或生活垃圾混合。

7.4.2 绿化植物废弃物应分类收集，合理利用；宜将绿化植物废弃物按照枝条粗细、不同用途等进行分类后再运输。

7.4.3 受病菌或虫体危害的绿化废弃物应单独收集，并采取灭虫、杀菌、消毒等措施，不得直接用于绿化土表。

7.4.4 绿化植物废弃物内不得混入石块、铁丝等园艺装饰材料，应将非植物材料分拣剔除。

7.5 安全巡查

7.5.1 绿地应定期进行安全巡查，内容包括绿地内植物生长状况及景观效果、园林绿化附属设施及其他维护等方面存在的问题，发现问题应及时记录并处理。

7.5.2 台风、暴风雨、暴雪等极端天气来临前，应对绿地开展详细的安全排摸，应重点检查新种的树木、根系较浅的树木及风口处的树木绑扎、立桩情况，发现安全隐患提前处置；危害过后应及时检查植株的损伤情况，扶正倒伏和倾斜的植株，清除存在安全隐患的树枝。

7.5.3 高温暑热、低温寒冷等极端天气，应对植物、园林绿化附属设施等的防护措施进行专项巡查，发现问题应及时补救。

7.6 档案管理

7.6.1 业主和养护单位应建立完整技术档案，技术档案应整理装订成册，分类归档。

7.6.2 技术档案应包括下列内容：

1 设计方案（面积，植物种类、规格、数量等）、施工图、竣工图、土壤理化性质、设施种类和数量等。

2 绿地养护过程动态情况，包括植物生长状况（含植物移植、补植、破坏情况）、有害生物发生情况、设施维修、养护工程移交和工程改造等。

3 养护管理措施、日常养护日志、养护管理过程中重大事件等。

4 应用新技术、新工艺、新材料、新设备等相关资料。

附录A 树木养护质量等级

表A 树木养护质量等级

序号	项目	质量要求			
		一级	二级	三级	四级
1	景观	(1) 树林、树丛群落结构合理,植株疏密得当,林冠线和林缘线清晰饱满; (2) 孤植树树形完美,树冠饱满; (3) 绿篱和造型植物轮廓清晰,线条流畅	(1) 树林、树丛群落结构基本合理,植株疏密得当,林冠线和林缘线基本完整; (2) 孤植树树形基本完美,树冠基本饱满; (3) 绿篱和造型植物轮廓清晰,线条流畅	(1) 树林、树丛具有基本完整的外貌,有一定的群落结构; (2) 孤植树树形基本完美,树冠基本饱满; (3) 绿篱和造型植物轮廓基本清晰,线条基本流畅	(1) 树林、树丛有较合理的群落结构,林相完好; (2) 孤植树树形基本完美,树冠基本饱满; (3) 绿篱轮廓基本清晰
2	生长势	枝叶生长茂盛,观花、观果树种正常开花结果,色叶树种季相特征明显	枝叶生长正常,观花、观果树种正常开花结果,色叶树种季相特征基本明显	植株生长量和色泽基本正常,观花、观果树种基本正常开花结果,色叶树种季相特征基本明显	植株生长正常健康

续表A

序号	项目	质量要求			
		一级	二级	三级	四级
3	修剪	基本无未处置的问题枝条	无明显未处置问题枝条	无严重影响景观的问题枝条	无严重影响景观的问题枝条
4	排灌	（1）排水通畅，暴雨后 2 h 内无积水； （2）植株未出现萎蔫现象	（1）排水通畅，暴雨后 4 h 内无积水； （2）植株基本无萎蔫现象	（1）排水基本通畅，暴雨后 6 h 内无积水； （2）植株无明显萎蔫现象	（1）排水基本通畅； （2）植株无明显萎蔫现象
5	有害生物控制	（1）基本无有害生物危害状； （2）影响植物景观的有害生物的整体叶危害率或枝危害率≤8%，易引起植物死亡的有害生物的株危害率≤5%	（1）无明显有害生物危害状； （2）影响植物景观的有害生物的整体叶危害率或枝危害率≤10%，易引起植物死亡的有害生物的株危害率≤8%	（1）无严重有害生物危害状； （2）影响植物景观的有害生物的整体叶危害率或枝危害率≤15%，易引起植物死亡的有害生物的株危害率≤10%	无严重有害生物危害状
6	清洁	（1）树林、树丛、孤植树保留落叶层； （2）树林、树丛 10 m^2 范围内废弃物不多于 2 个； （3）孤植树、绿篱和造型植物无垃圾	（1）树林、树丛、孤植树保留落叶层； （2）树林、树丛 10 m^2 范围内废弃物不多于 4 个； （3）孤植树、绿篱和造型植物无垃圾	（1）树林、树丛、孤植树保留落叶层； （2）树林、树丛 10 m^2 范围内废弃物不多于 6 个； （3）孤植树、绿篱和造型植物无垃圾	（1）树林、树丛、孤植树保留落叶层； （2）树林、树丛 10 m^2 范围内废弃物不多于 8 个； （3）孤植树、绿篱无垃圾

附录B　花卉养护质量等级

表B.1　花坛养护质量等级

序号	项目	质量要求	
		一级	二级
1	景观	(1) 造型美观、层次丰富，有精美的图案和色彩配置； (2) 株行距适宜，种植深浅合适； (3) 无缺株倒伏； (4) 基本无枯枝残花，残花花量≤1%	(1) 色彩鲜明； (2) 株行距适宜，种植深浅合适； (3) 缺株倒伏量≤3%； (4) 枯枝残花量≤3%
2	花期	(1) 花期一致； (2) 全年观赏期≥320 d； (3) 重大节日有花，花繁叶茂	(1) 花期一致； (2) 全年观赏期≥250 d； (3) 重大节日有花
3	生长	(1) 植株生长健壮； (2) 茎干粗壮，基部分枝强健，株型饱满； (3) 花型正，花色纯，株高一致	(1) 植株生长基本健壮； (2) 茎干粗壮，基部分枝强健，株型基本饱满； (3) 花型正，花色纯，株高基本一致
4	切边	(1) 边缘清晰，线条流畅和顺； (2) 切边宽度和深度≤15 cm；插片或分隔板顶部距地面的距离≤5 cm	(1) 边缘基本清晰，线条基本流畅和顺； (2) 切边宽度和深度≤15 cm；插片或分隔板顶部距地面的距离≤5 cm
5	排灌	(1) 排水畅通，无积水； (2) 植株无萎蔫现象	(1) 排水畅通，基本无积水； (2) 植株基本无萎蔫现象，萎蔫率≤1%
6	有害生物控制	(1) 基本无病虫害危害状； (2) 植株受害率≤3%； (3) 无杂草	(1) 无明显病虫害危害状； (2) 植株受害率≤5%； (3) 基本无杂草
7	清洁	无垃圾	无垃圾

表 B.2　花境养护质量等级

序号	项目	质量要求	
		一级	二级
1	景观	(1) 植物配置错落有致,色彩、叶型合理协调,季相变化明显; (2) 观花花卉适时开花,花色鲜艳,观叶植物叶色正常,观赏期长; (3) 种植密度合适; (4) 无缺株、无枯枝残花; (5) 倒伏量≤3%; (6) 冬季宿根植物休眠,裸露土壤用有机物覆盖	(1) 植物配置错落有致,有季相变化; (2) 观花花卉适时开花,观叶植物叶色正常; (3) 种植密度合适; (4) 缺株、枯枝残花量≤5%; (5) 倒伏量≤5%; (6) 冬季宿根植物休眠,裸露土壤有机物覆盖≥80%
2	生长	(1) 生长健壮,枝叶茂盛; (2) 茎干粗壮,基部分枝强健,不脱脚	(1) 生长正常; (2) 茎干粗壮,基部分枝强健,脱脚率≤5%
3	切边	(1) 边缘清晰,线条流畅和顺; (2) 切边宽度和深度≤12 cm;插片或分隔板顶部距地面的距离≤3 cm	(1) 边缘基本清晰,线条基本流畅和顺; (2) 切边宽度和深度≤12 cm,插片或分隔板顶部距地面的距离≤3 cm
4	排灌	(1) 排水畅通,无积水; (2) 植株无萎蔫现象	(1) 排水畅通,基本无积水; (2) 植株基本无萎蔫现象,萎蔫率≤1%
5	有害生物控制	(1) 基本无病虫害危害状; (2) 植株受害率≤3%; (3) 无影响景观面貌的杂草	(1) 无明显病虫害危害状; (2) 植株受害率≤5%; (3) 基本无影响景观面貌的杂草
6	清洁	10 m^2 范围内废弃物不多于 2 个	10 m^2 范围内废弃物不多于 4 个

附录C 草坪和草地养护质量等级

表C.1 观赏型草坪养护质量等级

序号	项目	质量要求		
		一级	二级	三级
1	覆盖度(%)	≥99	≥90	≥80
2	颜色	草坪由绿色叶片层全部覆盖,看不见枯草或其他颜色	草坪由绿色叶片层覆盖,枯草或其他颜色比例≤5%	草坪由绿色叶片层覆盖,枯草或其他颜色比例≤15%
3	均一性	外观均匀一致	外观较均匀	外观有明显不均匀的部分
4	杂草率(%)	≤1	≤5	≤10
5	病虫侵害率(%)	≤5	≤10	≤15
6	平整度(cm)	≤3	≤5	≤7
7	清洁	10 m^2 范围内废弃物不多于2个	10 m^2 范围内废弃物不多于4个	10 m^2 范围内废弃物不多于6个

注:项目指标按重要性排序。

表C.2 开放型草坪养护质量等级

序号	项目	质量要求		
		一级	二级	三级
1	平整度(cm)	≤1	≤3	≤5
2	覆盖度(%)	≥99	≥90	≥80
3	颜色	草坪由绿色叶片层全部覆盖,看不见枯草或其他颜色	草坪由绿色叶片层覆盖,枯草或其他颜色比例≤5%	草坪由绿色叶片层覆盖,枯草或其他颜色比例≤15%

续表C.2

序号	项目	质量要求		
		一级	二级	三级
4	均一性	外观均匀一致	外观较均匀	外观有明显不均匀的部分
5	杂草率(%)	≤1	≤5	≤10
6	病虫侵害率(%)	≤5	≤10	≤15
7	清洁	10 m^2 范围内废弃物不多于 2 个	10 m^2 范围内废弃物不多于 4 个	10 m^2 范围内废弃物不多于 6 个

注:项目指标按重要性排序。

表 C.3 草地养护质量要求

序号	项目	质量要求
1	景观	(1) 草面基本平整; (2) 成坪高度约为 10 cm~15 cm 或自然高度
2	生长势	(1) 生长基本良好; (2) 枯黄衰老叶片及植株比例≤15%
3	覆盖度	(1) 覆盖度≥80%; (2) 集中空秃不得大于 1 m^2
4	排灌	(1) 暴雨后 2 d 内基本无积水; (2) 植株基本无失水萎蔫现象
5	有害生物控制	(1) 无严重有害生物危害状; (2) 无明显大型、恶性杂草和攀缘植物
6	清洁	10 m^2 范围内废弃物不多于 8 个

附录 D　地被植物养护质量等级

表 D　地被植物养护质量等级

序号	项目	单植地被			混植地被			近自然混植地被
		一级	二级	三级	一级	二级	三级	
1	景观	(1) 植株规格一致； (2) 密度合理； (3) 无死株，群体景观效果好	(1) 植株规格基本一致； (2) 密度基本合理； (3) 基本无死株，群体景观效果较好	(1) 密度基本合理； (2) 群体景观效果较好	(1) 混植种类配置合理； (2) 无死株和残存枯花，群体景观效果好	(1) 混植种类配置基本合理； (2) 基本无死株和残存枯花，群体景观效果较好	(1) 混植种类种间协调； (2) 群体景观效果较好	(1) 植被自然生态； (2) 群体景观效果较好
2	生长势	生长茂盛	生长良好	生长基本正常	(1) 生长茂盛； (2) 各种类生长势基本一致	(1) 生长良好 (2) 无明显弱势种	生长基本正常	生长良好

续表D

序号	项目	单植地被			混植地被			近自然混植地被
		一级	二级	三级	一级	二级	三级	
3	排灌	(1) 木本地被暴雨后 0.5 d 内无积水，草本地被暴雨后 1 h 无积水； (2) 植株无失水萎蔫现象	(1) 木本地被暴雨后 0.5 d 内无积水，草本地被暴雨后 4 h 无积水； (2) 植株基本无失水萎蔫现象	(1) 木本地被暴雨后 1 d 内无积水，草本地被暴雨后 6 h 无积水； (2) 植株无明显失水萎蔫现象	(1) 木本地被暴雨后 0.5 d 内无积水，草本地被暴雨后 1 h 无积水； (2) 植株无失水萎蔫现象	(1) 木本地被暴雨后 0.5 d 内无积水，草本地被暴雨后 4 h 无积水； (2) 植株基本无失水萎蔫现象	(1) 木本地被暴雨后 1 d 内无积水，草本地被暴雨后 6 h 无积水； (2) 植株无明显失水萎蔫现象	(1) 暴雨后 2 d 内基本无积水； (2) 植株基本无失水萎蔫现象
4	有害生物控制	(1) 基本无有害生物危害状； (2) 受害率≤10%； (3) 无影响景观面貌的杂草	(1) 无明显有害生物危害状； (2) 受害率≤15%； (3) 基本无影响景观面貌的杂草	(1) 无严重有害生物危害状； (2) 受害率≤20%； (3) 无明显影响景观面貌的杂草	(1) 无明显有害生物危害状； (2) 受害率≤15%； (3) 基本无影响景观面貌的杂草	(1) 无严重有害生物危害状； (2) 受害率≤20%； (3) 无明显影响景观面貌的杂草	(1) 无严重有害生物危害状； (2) 受害率≤25%； (3) 无严重影响景观面貌的杂草	(1) 无严重有害生物危害状； (2) 受害率≤25%； (3) 可有观赏性强或攀缘性杂草，无恶性杂草
5	覆盖率	(1) ≥95%； (2) 基本无空秃	(1) ≥90%； (2) 集中空秃不大于 0.5 m^2	(1) ≥85%； (2) 集中空秃不大于 1 m^2	(1) ≥95%； (2) 基本无空秃	(1) ≥90%； (2) 集中空秃不大于 0.5 m^2	(1) ≥85%； (2) 集中空秃不大于 1 m^2	≥85%

续表D

序号	项目	单植地被			混植地被			近自然混植地被
		一级	二级	三级	一级	二级	三级	
6	清洁	10 m^2 范围内废弃物不多于2个	10 m^2 范围内废弃物不多于4个	10 m^2 范围内废弃物不多于6个	10 m^2 范围内废弃物不多于2个	10 m^2 范围内废弃物不多于4个	10 m^2 范围内废弃物不多于6个	10 m^2 范围内废弃物不多于8个

附录E 水生植物养护质量等级

表E 水生植物养护质量等级

序号	项目	质量要求			
		一级	二级	三级	四级
1	景观	景观效果美观，无枯黄衰老叶片及植株	景观效果良好，枯黄衰老叶片及植株极少	景观效果较好，枯黄衰老叶片及植株较少	景观效果尚可，无严重影响景观的枯黄衰老叶片及植株
2	生长势	(1) 植株健壮、无倒伏或断枝；(2) 花果期开花、结果率≥80%；(3) 枯萎植株≤3%	(1) 植株生长良好、倒伏或断枝极少；(2) 花果期开花、结果率≥60%；(3) 枯萎植株≤10%	(1) 植株生长较好、倒伏或断枝较少；(2) 花果期开花、结果率≥40%；(3) 枯萎植株≤15%	(1) 植株生长基本正常；(2) 枯萎植株≤20%
3	有害生物控制	病斑极少，无明显虫害，无杂草	病斑较少，无明显虫害，杂草极少	病斑不明显，虫害较少，杂草较少	无严重有害生物危害状；无明显大型、恶性杂草
4	种植区盖度	≥90%	≥80%	≥70%	≥60%
5	冬季措施	无枯萎植株，修剪留茬整齐	无枯萎植株，修剪留茬较整齐	少量枯萎植株，修剪留茬较整齐	适当冬修
6	清洁	10 m^2 范围内废弃物不多于2个	10 m^2 范围内废弃物不多于4个	10 m^2 范围内废弃物不多于6个	10 m^2 范围内废弃物不多于8个

附录F 竹类养护质量等级

表F 竹类养护质量等级

序号	项目	质量要求			
		一级	二级	三级	四级
1	景观	(1) 有完整的林相，疏密合理，自然整齐，景观优美； (2) 死竹、枯竹、倾斜竹、破损竹≤3%； (3) 土面自然平滑，无坑洼，无明显竹蔸，覆无病害竹叶	(1) 有完整的林相，疏密合理； (2) 死竹、枯竹、倾斜竹、破损竹≤6%； (3) 土面自然平滑，无坑洼，覆无病害竹叶	(1) 林相基本完整； (2) 死竹、枯竹、倾斜竹、破损竹≤10%； (3) 土面基本平滑，无明显坑洼，竹叶覆盖基本均匀	(1) 林相基本完整； (2) 无明显影响景观的死竹及枯竹
2	生长势	(1) 竹丛通风透光，生长健壮，无明显死竹和开花情况； (2) 新老竹生长比例适当，影响景观的老竹≤20%； (3) 竹鞭无裸露	(1) 竹丛通风透光，生长健壮，无明显死竹和开花情况； (2) 新老竹生长比例基本适当，影响景观的老竹≤30%； (3) 竹鞭基本无裸露	(1) 竹丛通风透光良好，生长健康，无明显开花情况； (2) 新老竹生长比例基本适当，影响景观的老竹≤40%； (3) 竹鞭较少裸露	(1) 竹丛通风透光，植株生长良好； (2) 新老竹生长比例基本适当； (3) 竹鞭无明显裸露

续表F

序号	项目	质量要求			
		一级	二级	三级	四级
3	排灌	(1) 排水通畅，暴雨后无积水； (2) 植株无失水萎蔫现象	(1) 排水基本通畅，暴雨后0.5 d无积水； (2) 植株失水萎蔫现象1 d内消除	(1) 排水基本通畅，暴雨后1 d无积水； (2) 植株失水萎蔫现象1 d内消除	(1) 排水基本通畅，暴雨后2 d无积水； (2) 植株失水萎蔫现象2 d内消除
4	有害生物控制	(1) 基本无有害生物危害状； (2) 竹叶受害率≤8%； (3) 竹秆、竹梢受害率≤5%； (4) 无影响景观的杂草	(1) 无明显有害生物危害状； (2) 竹叶受害率≤10%； (3) 竹秆、竹梢受害率≤8%； (4) 无影响景观的杂草	(1) 无明显有害生物危害状； (2) 竹叶受害率≤15%； (3) 竹秆、竹梢受害率≤10%； (4) 无明显影响景观的杂草	(1) 无明显有害生物危害状； (2) 无明显大型、恶性杂草
5	清洁	10 m^2 范围内废弃物不多于2个，保留落叶层	10 m^2 范围内废弃物不多于4个，保留落叶层	10 m^2 范围内废弃物不多于6个，保留落叶层	10 m^2 范围内废弃物不多于8个，保留落叶层

附录 G　园林绿化附属设施维护质量等级

表 G　园林绿化附属设施维护质量等级

序号	项目	质量要求	
		一级	二级
1	建（构）筑物	(1) 外观整洁，构件和各项设施完整无损； (2) 室内陈设合理、清洁、完好； (3) 无结构、装修和设备隐患，无渗漏	(1) 外观无明显的破损、锈蚀； (2) 室内陈设基本完好，无陈积尘埃； (3) 结构、装修和设备安全，基本无渗漏
1.1	厕所	(1) 外墙周围 5 m 范围内环境清洁、卫生； (2) 建筑及各项设施完好，正常使用； (3) 臭味强度不高于 0 级，无秽物污水外溢，无断水缺电现象，废弃物滞留时间不长于 5 min，厕所内相对湿度≤80%； (4) 备用厕所设施完好	(1) 外墙周围 3 m 范围内环境清洁、卫生； (2) 建筑及各项设施完好，正常使用； (3) 臭味强度不高于 1 级，无秽物污水外溢，无断水缺电现象，废弃物滞留时间不长于 5 min，厕所内相对湿度≤85%； (4) 非即冲式厕所粪便应小于容积 3/4
1.2	园桥	(1) 桥体、桥面、护栏及接驳部分完整，无缺损，牢固安全； (2) 桥面铺装及护栏表面干净、保养良好； (3) 整体外观美观整洁； (4) 泄水孔无堵塞、淤积	(1) 桥体、桥面、护栏及接驳部分完整，无缺损，牢固安全； (2) 桥面铺装及护栏表面干净、保养基本良好； (3) 整体外观基本美观整洁； (4) 泄水孔无堵塞、淤积
1.3	花架	(1) 完整，无缺损，满足植物攀爬需要； (2) 坚固安全，美观，色彩与周围环境统一协调； (3) 材质环保	(1) 完整，无缺损，满足植物攀爬需要； (2) 坚固安全，外观统一； (3) 材质环保

续表G

序号	项目	质量要求	
		一级	二级
1.4	围栏和围墙	(1) 完整,无缺损; (2) 美观,色彩与周围环境统一协调; (3) 材质环保	(1) 完整,无缺损; (2) 外观统一; (3) 材质环保
2	道路和地坪	(1) 平整,无损缺、无积水; (2) 材质外观必须统一协调; (3) 道路地坪清洁率 100%; (4) 无障碍设施必须完好、通畅,应急通道必须畅通无阻; (5) 道路侧石应高出土层 3 cm～5 cm	(1) 基本平整、无损缺、无积水; (2) 材质外观必须统一; (3) 道路地坪清洁率≥95%; (4) 无障碍设施必须完好、通畅,应急通道必须无阻; (5) 道路侧石应高出土层 3 cm～5 cm
2.1	停车场地	(1) 平整清洁,车位有明显标志; (2) 停车位绿化覆盖率 95%以上; (3) 收费明示	(1) 平整清洁,车位有明显标志; (2) 停车位绿化覆盖率 90%以上; (3) 收费明示
3	假山和叠石	(1) 完整、安全、稳固; (2) 不适于攀爬的假山叠石必须有规范醒目标志和防护设备; (3) 假山四周及石缝不得有影响安全和景观的杂草、杂物,种植穴不得空缺	(1) 完整、安全、稳固; (2) 不适于攀爬的叠石必须有醒目标志和防护设备; (3) 假山四周及石缝不得有影响安全的杂草、杂物,基本无影响景观的杂草,种植穴空缺率≤5%
4	园桌园椅园凳	(1) 布点合理,桌凳椅牢固无松动,无缺损; (2) 整洁美观,凳面清洁,同一区域内材质、形式相对统一	(1) 安全牢固,基本无缺损,完好率应≥90%; (2) 整洁美观,凳面基本洁净
5	娱乐健身设施	(1) 所有设施应明示生产单位及使用要求、操作规程; (2) 环境整洁,运转正常,色彩常新,严禁带故障运行	(1) 所有设施应明示生产单位及使用要求、操作规程; (2) 环境整洁,运转正常,色彩常新,严禁带故障运行

续表G

序号	项目	质量要求	
		一级	二级
6	垃圾箱(筒)	(1) 外观清洁、完整,内壁无污垢陈渍,箱内无陈积垃圾; (2) 垃圾分类; (3) 箱体周围 2 m 范围内地面整洁,无垃圾	(1) 外观清洁、完整,箱内无陈积垃圾; (2) 垃圾分类; (3) 箱体周围 2 m 范围内地面整洁,无垃圾
7	雕塑	(1) 完整、安全、稳固; (2) 美观、整洁、无污渍划痕	(1) 完整、安全、稳固; (2) 基本美观、整洁、无污渍划痕
8	标识标牌和宣传栏	(1) 位置合理,形式美观,构件完好,牢固安全; (2) 书写端正,字迹清晰,图形符号符合规范; (3) 材质环保,色彩与周围环境协调	(1) 位置合理,构件完好,牢固安全; (2) 书写端正,字迹清晰,图形规范; (3) 材质环保,色彩与周围环境协调
9	水景设施	(1) 水质符合设计要求,清洁,形式美观,设备设施安全; (2) 相关汀步、石矶、场地等安全稳固,完整	(1) 水质符合设计要求,清洁,设备设施安全; (2) 相关汀步、石矶、场地等安全稳固,完整
10	给水和排水设施	(1) 管道通畅;上水无污染; (2) 外露窨井、给排水口等设施清洁,完整无损坏、无隐患; (3) 设施周边范围内无遮挡; (4) 防汛设备完好、有效	(1) 管道通畅;上水无污染; (2) 外露窨井、给排水口等设施清洁,完整无损坏、无隐患; (3) 设施周边范围内无遮挡; (4) 防汛设备完好、有效
11	灯光和照明设施	(1) 应保持完整、整洁,固定夏令、冬令开关时间,正常运行; (2) 保障无带电裸露部位,管线设施完好; (3) 线网应入地,存在隐患的供电点应改为低压供电	(1) 应保持完整、整洁,固定夏令、冬令开关时间,正常运行; (2) 保障无带电裸露部位,管线设施完好; (3) 线网应入地,存在隐患的供电点应改为低压供电

续表G

序号	项目	质量要求	
		一级	二级
12	广播和监控设施	(1) 广播站位置明确,设施有专人管理,定期检查,保障外观完好,正常运行; (2) 广播类内容必须符合国家规定,严禁违反国家法律法规; (3) 适时广播,音量不得超过 55 dB; (4) 监控设备安装,应符合国家相关规定; (5) 监控实施应有专业人员负责管养,定期检查,保障设备外观完好,运转正常	(1) 广播站位置明确,设施有专人管理,定期检查,保障外观完好,正常运行; (2) 广播类内容必须符合国家规定,严禁违反国家法律法规; (3) 适时广播,音量不得超过 55 dB; (4) 监控设备安装,应符合国家相关规定; (5) 监控实施应有专业人员负责管养,定期检查,保障设备外观完好,运转正常
13	消防设施	应保持消防、急救及相关器材的完好,通道通畅无阻	应保持消防、急救及相关器材的完好,通道通畅无阻
14	无障碍设施	(1) 日常保障无障碍设施外观整洁、安装牢固、无损坏,如有损坏应及时维修、复原; (2) 无障碍设施应有明显的规范的提醒标识,不得阻挡或占用; (3) 养护管理单位对无障碍设施应有防冻、防滑、防爆、防淹等预案,如遇冰雪恶劣天气,应立即采取相应措施,避免发生隐患	(1) 日常保障无障碍设施外观整洁、安装牢固、无损坏,如有损坏应及时维修、复原; (2) 无障碍设施应有明显的规范的提醒标识,不得阻挡或占用; (3) 养护管理单位对无障碍设施应有防冻、防滑、防爆、防淹等预案,如遇冰雪恶劣天气,应立即采取相应措施,避免发生隐患

附录 H　行道树养护质量等级

表 H　行道树养护质量等级

序号	项目	质量要求	
		一级	二级
1	景观	(1) 群体植株树冠完整统一，生长旺盛，规格整齐，有较好的遮阴效果； (2) 乔木规格一致； (3) 树冠完整，规格整齐、一致，分支点高度一致，树干挺直	(1) 群体植株面貌较为统一，生长良好，有遮阴效果； (2) 乔木规格基本一致； (3) 树冠基本统一，规格基本整齐，树干基本挺直
2	生长势	(1) 无死树、缺株； (2) 植株全年生长正常，无枯枝、断枝和生长不良枝	(1) 无死树，基本无缺株，缺株率≤2%； (2) 植株全年生长正常，无明显的枯枝、生长不良枝
3	树冠	(1) 树冠完整； (2) 无影响交通、架空线等公共设施的树枝	(1) 树冠基本完整； (2) 基本无影响交通、架空线等公共设施的树枝
4	树干	(1) 树干挺直，无主干倾斜大于10°的行道树； (2) 落叶树净空高度≥3.2 m，常绿树净空高度≥2.8 m； (3) 无萌生的芽条	(1) 树干基本挺直，倾斜度10°以上的树应≤5%； (2) 落叶树净空高度≥3.2 m，常绿树净空高度≥2.8 m； (3) 基本无萌生的芽条
5	附属设施	(1) 新种树、小树、扶正后的或处于风口的行道树必须有完整无损的树桩； (2) 竖桩和绑扎方式规范、有效，形式、材质统一； (3) 树穴形式统一，盖板或覆盖物完整，无空缺，种植地被的树穴，地被生长良好	(1) 新种树、小树、扶正后的或处于风口的行道树必须有基本无损的树桩； (2) 竖桩和绑扎方式基本规范、有效，形式、材质基本统 ； (3) 树穴形式基本统一，盖板或覆盖物基本完整，无空缺，种植地被的树穴，地被生长基本良好

续表H

序号	项目	质量要求	
		一级	二级
6	有害生物控制	(1) 基本无有害生物危害状； (2) 影响植物景观的有害生物的株危害率≤10%，易引起植物死亡的有害生物的株危害率≤5%	(1) 基本无有害生物危害状； (2) 影响植物景观的有害生物的株危害率≤15%，易引起植物死亡的有害生物的株危害率≤10%
7	树洞与创面	无未处理的树洞和创面，树洞和创面保护质量好	无 5 cm 以上未处理的树洞和创面，树洞和创面保护质量基本良好

附录J　古树名木和古树后续资源养护质量等级

表J　古树名木和古树后续资源养护质量等级

序号	项目	质量要求 一级
1	景观	(1) 树冠保持植株的自然形态; (2) 主干根颈部位裸露且未被土壤掩埋
2	生长势	(1) 芽与新梢符合树种和季节特性; (2) 叶片饱满、健壮,色泽光亮; (3) 树干、枝健壮、色泽新鲜,无未经处理的损伤、创伤和树洞,未见一至三级分枝折断或枯死; (4) 树势衰弱时,萌蘖枝均匀保留1枝~3枝
3	环境	(1) 地貌:法定保护区维持树木的生态原真性和完整性;保留原有水道并保持畅通;无新增硬质铺装道路和地坪。古树控制区维持原有地貌不变或按认证的方案实施改变;保护范围低凹易积水时,设置排水设施确保不积水。 (2) 植被:周边乔木不影响古树生长,且树冠不与古树树冠重叠;树穴范围无影响通风透气的地被和覆盖物,树冠投影下无各类绿篱和色块植物;保留保护范围内不影响古树生长的原生地被,并控制其生长高度;保护范围内无竹类或水生植物;人工地被选用应符合现行上海市地方标准《古树名木和古树后续资源养护技术规程》DB31/T 682的相关规定。古树保护范围内植物养护应符合一级公园绿地养护质量。 (3) 垃圾:保护范围内无垃圾
4	设施	(1) 古树必须有保护标牌,宣传牌、公示牌、认养牌等字迹清晰、内容正确、位置适当; (2) 罩面(遮挡网)、支撑拉攀、排水设施、围栏围墙、驳岸挡土墙、防雷等设施安全有效、外观整洁无损; (3) 地下水位观测、太阳能诱虫灯、远程监控摄像等设施设备运转正常、外观整洁无损

续表J

序号	项目	质量要求
		一级
5	有害生物控制	(1) 叶片无缺刻、畸形、失绿，虫巢、煤污、非季节落叶或白粉等异常情况； (2) 主干及三级(含)分叉以下树干无可见虫害排泄物或附着物等异常情况； (3) 保护范围无影响景观的大型杂草
6	土壤	(1) 土壤疏松、不板结，表面不龟裂，土壤内无粒径大于 3 cm 的石砾； (2) 土壤为团粒结构体，理化性状应符合现行上海市工程建设规范《园林绿化栽植土质量标准》DG/TJ 08—231 的相关规定
7	覆盖物	树冠下土壤不裸露，覆盖物选用应符合现行上海市地方标准《古树名木和古树后续资源养护技术规程》DB31/T 682 的相关规定

附录 K　立体绿化养护质量等级

表 K　立体绿化养护质量等级

<table>
<tr><th rowspan="2">序号</th><th rowspan="2">项目</th><th colspan="2">质量要求</th></tr>
<tr><th>一级</th><th>二级</th></tr>
<tr><td>1</td><td>景观</td><td>景观效果好，植物养护精细，无死株，无枯叶残花，无垃圾，无安全隐患。
(1) 花园式、组合式屋顶绿化：群落结构合理、植物搭配科学、层次清晰、种植土覆盖充足，园林小品、支撑及护栏等设施完好，安全措施到位；
(2) 垂直绿化：绿化边界清晰，枝叶分布均匀，植物覆盖度高，网片、支撑等设施完好；
(3) 沿口绿化：沿口花箱干净整齐，同种植物规格一致，株型饱满，固定件等设施完整；
(4) 棚架绿化：棚架设施牢固，无破损</td><td>景观效果一般，无明显死株，无安全隐患。
(1) 草坪式屋顶绿化：植物长势良好，无空秃，无死亡，无大型杂草，安全措施到位；
(2) 垂直绿化：植物枝叶分布较为均匀，植物覆盖度较高，网片、支撑等设施基本完好；
(3) 沿口绿化：沿口花箱基本干净整齐，同种植物规格基本一致，固定件等设施基本完整；
(4) 棚架绿化：棚架设施牢固，基本无破损</td></tr>
<tr><td>2</td><td>生长势</td><td>植物生长茂盛，季相明显，观花、观果植物正常开花结果</td><td>植物生长正常，观叶观花植物生长正常</td></tr>
<tr><td>3</td><td>排灌</td><td>(1) 排水道通畅，无滴漏现象，无积水；
(2) 灌溉及时，植物未出现萎蔫死亡现象</td><td>(1) 无明显积水；
(2) 植物出现短时萎蔫，但能恢复正常</td></tr>
<tr><td>4</td><td>有害生物控制</td><td>基本无有害生物危害状</td><td>无明显的有害生物危害状</td></tr>
</table>

附录L 容器绿化养护质量等级

表L 容器绿化养护质量等级

序号	项目	质量要求	
		一级	二级
1	景观	(1) 植物配置合理，色彩协调美观； (2) 花卉花期一致	(1) 植物布置简洁，色彩协调美观； (2) 花卉花期基本一致
2	生长	(1) 生长健壮，同一品种植物株型规格一致、饱满； (2) 无缺株、枯枝、枯叶、残花； (3) 植物叶色、花色正常	(1) 生长正常、同一品种植物株型规格一致； (2) 基本无缺株、枯枝、枯叶、残花； (3) 植物叶色、花色正常
3	排灌	(1) 排水通畅、严禁积水； (2) 土壤透气性良好、无板结； (3) 植株无缺水萎蔫现象	(1) 排水通畅、无积水； (2) 土壤透气性良好、无板结； (3) 植株无缺水萎蔫现象
4	设施	容器完整美观，外形、规格、色彩与植株协调	容器完整美观，外形、规格、色彩与植株基本协调
5	有害生物控制	(1) 基本无有害生物危害状； (2) 植株、枝叶受害率≤3%； (3) 无杂草	(1) 无明显有害生物危害状； (2) 植株、枝叶受害率≤5%； (3) 无杂草
6	清洁	(1) 容器外观清洁，容器内无垃圾； (2) 植株清洁	(1) 容器外观清洁，容器内无垃圾； (2) 植株清洁

本标准用词说明

1 为便于在执行本标准条文时区别对待，对要求严格程度不同的用词说明如下：

1）表示很严格，非这样做不可的用词：

正面词采用“必须”；

反面词采用“严禁”。

2）表示严格，在正常情况下均应这样做的用词：

正面词采用“应”；

反面词采用“不应”或“不得”。

3）对表示允许稍有选择，在条件许可时首先应这样做的用词：

正面词采用“宜”；

反面词采用“不宜”。

4）表示有选择，在一定条件下可以这样做的用词，采用“可”。

2 条文中指明应按其他有关标准、规范执行的写法为“应按……执行”或“应符合……的规定”。

引用标准名录

1 《农田灌溉水质标准》GB 5084
2 《公共体育设施　室外健身设施应用场所安全要求》GB/T 34284
3 《古建筑木结构维护与加固技术标准》GB/T 50165
4 《民用建筑可靠性鉴定标准》GB 50292
5 《无障碍设施施工验收及维护规范》GB 50642
6 《公园设计规范》GB 51192
7 《城市污水再生利用　绿地灌溉水质》GB/T 25499
8 《公共体育设施　室外健身设施的配置与管理》GB/T 34290
9 《城市桥梁养护技术标准》CJJ 99
10 《绿化种植土壤》CJ/T 340
11 《古建筑修建工程施工与质量验收规范》JGJ 159
12 《除草剂安全使用技术规范　通则》NY/T 1997
13 《演出场所安全技术要求　第2部分：临时搭建演出场所舞台、看台安全技术要求》WH/T 42
14 《公共厕所保洁质量和作业要求》DB31/T 525
15 《古树名木和古树后续资源养护技术规程》DB31/T 682
16 《小型游乐设施安全　第3部分：运营管理要求》DB31/T 914.3
17 《绿化有机覆盖物应用技术规范》DB31/T 1035
18 《文明施工标准》DG/TJ 08—2102
19 《园林绿化植物栽植技术规程》DG/TJ 08—18
20 《绿化植物保护技术规程》DG/TJ 08—35
21 《花坛、花境技术规程》DG/TJ 08—66

22 《园林绿化草坪建植和养护技术规程》DG/TJ 08—67
23 《立体绿化技术标准》DG/TJ 08—75
24 《房屋修缮工程技术规程》DG/TJ 08—207
25 《园林绿化栽植土质量标准》DG/TJ 08—231
26 《行道树栽植与养护技术标准》DG/TJ 08—2105
27 《建筑施工高处作业安全技术标准》DG/TJ 08—2264

标准上一版编制单位及人员信息

《园林绿化养护技术规程》

DG/TJ 08—19—2011

主 编 单 位:上海市绿化和市容管理局

参 编 单 位:上海市园林绿化行业协会

主要起草人:郑林森　许恩珠　许卫星　张　睿　张秀琴　赵锡惟　孔庆惠　张文娟　章怡维　彭光途　顾顺仙　范善华　钱　军

参加起草人:毕华松　陈国霞　陈红武　方海兰　王　新　王燕峰　严裕荣　马少初　徐　岭　徐　忠　徐晓昌　杨　健　吴建芬　胡琪春　史伟平　顾龙福　马啸远　王鸿飞　陈爱国　常国强　张　韧

主要审查人:吴　成　陈　动　李跃忠　杨　意　魏凤巢　金珊妹　黄彩娣

《园林绿化养护技术等级标准》

DG/TJ 08—702—2011

主 编 单 位:上海市绿化和市容管理局

参 编 单 位:上海市绿化管理指导站

上海市园林建设咨询服务公司

上海市园林科学研究所

上海市绿化行业单位

主要起草人:潘建萍　许恩珠　张文娟　张秀琴　孔庆惠　王　瑛　毕华松　李向茂

参加起草人：赵锡惟　夏希纳　潘志雄　章怡维　孙国强
傅徽楠　许东新　李　莉　张莹萍　陈立民
许晓波

主要审查人：吴　成　黄彩娣　陈　动　李跃忠　魏凤巢
金珊妹

上海市工程建设规范

园林绿化养护标准

DG/TJ 08—19—2023
J 11852—2023

条 文 说 明

2023　上海

目　次

Contents

1 总 则

1.0.1 本条规定了修订本标准的目的和意义。

1.0.2 本条规定了本标准适用范围。

1.0.3 本条阐述了本标准与国家法律、行政法规及现行有关标准的关系。

2 术 语

2.0.1 本条明确地被植物所涵盖的范围。地被植物种植应用一般分为单植地被、混植地被和近自然混植地被三类。

2.0.11 本条对园林绿化附属设施所涉及的范围给出界定。

2.0.12 本条对设施维护的程度和工作内容给出界定。

3 基本规定

3.0.1 本条规定了本市园林绿化养护包含的 3 个方面的内容，本标准围绕所涉及的内容提出相应的养护标准和技术要求。

4 园林绿化养护质量等级及质量要求

4.1 公园绿地养护质量等级及质量要求

4.1.2 表4.1.2规定了一、二、三、四级公园绿地所包含的植物养护、附属设施维护、景观水体和绿地保洁应达到的质量要求。

5 植物养护

5.1 一般规定

5.1.1 本条对植物修剪的原则、方法和时期进行了规定。

3 剪、锯口平滑，有利于树木修剪切口愈合。留芽方位决定抽枝方向，影响整体树形。切口在切口芽的反侧呈45°倾斜，这样剪口小，易愈合且利于芽体生长发育。直径在5 cm以上的修剪切口，为防止切口受雨水侵蚀腐烂，形成创面树洞，在修剪后及时涂抹防腐剂和生长素，促进切口愈合。

5.1.2 本条对植物施肥的原则、方法和时期进行了规定。

1 施肥受植物习性、物候期、树体大小、树龄、土壤与气候条件、肥料的种类、施肥时间与方法、管理技术等诸多因素影响，难以制定统一的施肥量标准。因此，施肥时根据树木生长需要和土壤肥力情况进行施肥。有机肥可以改善土壤结构，可使肥效稳步缓慢释放，可调节土壤的酸碱度，可供应植物生长所需的大量元素、多种微量元素，增加有机质含量，提高土壤的保肥蓄水能力。

2 施肥浓度应适宜，浓度太高易造成肥害，导致叶片发焦干枯。

5.1.3 本条对灌溉与排水的原则、方法和时期进行了规定。

5 高温季节，植物叶片蒸腾作用强，水分蒸发快，根系需要不断吸收水分，补充叶面蒸腾的损失；中午喷灌或洒灌，土壤温度突然降低，根毛受到低温刺激，就会立即阻碍水分的正常吸收；叶面气孔没有关闭，水分失去了供求平衡，导致叶面萎蔫。因此，夏季浇灌以早晨或傍晚为宜。春季萌芽前，适时浇灌返青水，可增加土壤墒情、稳定地温、防寒保墒、减轻冻害。

5.1.4 本条对松土除草的原则、时期和方法进行了规定。

1 松土使表层种植土壤保持疏松，并具有良好的透水、透气性。

2 雨后土壤湿黏，不利于进行松土。

4 恶性杂草是指具有极强的适应能力、竞争能力和惊人的繁殖能力，蔓延迅速，侵占性强，能排挤其他物种，很快成为优势种群的一年生或多年生杂草。攀缘性杂草是指攀爬或吸附在植物上，导致植物生长势衰退或死亡且影响景观面貌的杂草。

5 应谨慎使用化学方法除杂草，保护园林树木。

5.1.6 园林树木有害生物防控工作应深入贯彻"预防为主，科学防治，依法治理，促进健康"的植保工作方针，采取关键措施与综合技术相结合、化学防治与其他防治措施相结合的策略，以植物养护管理为基础，协调运用生物、物理、化学等各种措施。有害生物防控中不得污染水体，现行国家标准《园林绿化工程项目规范》GB 55014 对此也作出了相应规定，是强制性条款。

5.2 树 木

5.2.1 本条对乔木修剪进行了规定：

1 乔木修剪首先要剪除的是影响树木安全的病虫枝、断枝、枯枝和烂头以及影响树形的徒长枝、矛盾枝、过密枝等。有主干的树木其中央主枝对树形影响明显，需要特别注意培养与保护。

5.2.2 本条对灌木修剪进行了规定：

2 灌木修剪时考虑到花量和花卉的均衡性，部分交叉枝(特别是开花枝)需要保留，矛盾枝需要及时修除。

5.2.5 本条对施肥进行了规定：

1 为少伤地表根，沟施、穴施均应施在树冠投影边缘。叶面喷肥应在上午 10 点之前或傍晚进行，以免气温高，溶液浓缩快，影响喷肥效果或导致药害。

5.2.6 大量雨水过后，绿地和树池内积水超过一定时间，易使树木根系呼吸作用受到抑制，造成树叶萎蔫甚至死亡。及时采用适当的方式排水，以保证树木正常生长。

5.5 地被植物

5.5.1 本条对修剪进行了规定：

2 作为地被的开花灌木、藤本和花卉，其修剪应优先考虑绿地表面的覆盖度，其次考虑保留、保护和培养开花枝条。

5.5.3 根据绿地对地被植物景观的要求采取不同补植措施：单植及混植地被集中空秃控制在小于 1 m^2 范围内；近自然地被在不影响景观效果的前提下，允许有一定范围空秃。

5.5.4 覆盖物可选择火山岩、松磷等。

5.6 水生植物

5.6.1～5.6.3 参考了崔心红所著的《水生植物应用》(上海科学技术出版社，2012)一书中第四章水生植物种质资源圃的养护管理，并根据多年水生植物示范区监测、管理和养护经验，制订了修剪、有害生物控制及系统管理技术。同时也参考了上海市地方标准《城市湿地水生植物应用技术要求》DB 31/T 919 的相关内容。

5.7 竹　类

5.7.1 本条对竹子的除蔸进行了规定。

1 散生竹应每年挖除竹蔸，以改善地下生长环境，促进新笋萌发。

2 随着丛生竹的生长，竹蔸高度会逐年提升，部分竹蔸的竹笋萌发力下降，应每隔 3 年～5 年在冬季挖除老化的竹蔸和根系，以促进新竹萌发。

5.7.3 本条对竹类的灌溉与排水进行了规定。

1 新植竹应及时浇水，保持土壤湿润，以确保竹子成活。竹林浇水应注意竹子生长周期的各个阶段，包括催笋、拔节、孕笋等。

5.7.4 竹林易受红蜘蛛、蚜虫、蚧虫等侵害，应以竹林疏稀、适度钩梢等园艺措施为主，其他措施为辅进行综合防治。目前大竹象防治难度较大，发笋期间进行人工捕捉效果较好。

5.7.7 本条对竹林的结构调整进行了规定。

1 竹子应每年间伐更新，去除秆色泛白的老竹、过密竹、病弱竹、斜生株以及竹林范围外的竹子，保持竹林通风透光，景观优美。

2 疏笋清笋应在发笋完毕、高度基本停止生长后进行，避免伤及新笋，造成竹子密度过稀，风吹发生倒伏。

5.11 容器绿化

本节中的容器绿化特指容器花箱绿化。

6 园林绿化附属设施维护

6.2 园林建(构)筑物

6.2.4 文教性、服务性建(构)筑物是指餐厅、售品部、娱乐场所、商店、咖啡屋、茶室、舞厅、会议厅、博物馆、展览厅、音乐厅等。
6.2.5 管理性、生产性建(构)筑物是指办公室、温室、大棚、仓库、车库等。

6.6 娱乐健身设施

6.6.1 娱乐游乐设施可参照现行上海市地方标准《小型游乐设施安全　第3部分:运营管理要求》DB 31/T 914.3,该标准于2021年最新发布,该标准对娱乐游乐设施维护进行了详细规定,本标准中不再阐述。

6.10 水景设施

6.10.1 景观水体要经常打捞水面漂浮物,清理水池底部沉淀物。因景观水体多数为封闭性水体,树叶等漂浮物是造成水体富营养化的重要原因。另外,为防止水体发臭和富营养化的发生,可通过专业机构对水体的理化性质和水体藻类进行专业检测和分析,确保水体能达到国家规定的水质标准。

6.11 给水和排水设施

6.11.3 四害指苍蝇、蚊子、老鼠和蟑螂。

7　其他维护

7.2　水体维护

7.2.1　水体水质应符合下列规定：

　　2　绿地水体的水质指标应达到相关标准，在市级、区级等重要绿地水体应增加感官类指标控制，在春季快速升温、夏季多雨高温和秋冬季枯水期等全年关键时期应加强水环境监测。

7.2.2　本条规范了水域保洁及其打捞废弃物的收集、清运、处置等环节要求，保障绿地水域保洁质量满足市容环卫管理规定。

7.2.3　本条规范了绿地水体的水位控制要求，避免长期水位损失或暴雨台风时期超高水位，造成绿地水体安全和水生态退化问题。

7.4　绿化植物废弃物处置

7.4.1　绿化植物废弃物处置对减轻直接焚烧和填埋造成的环境污染程度、推动城市垃圾分类和减量工作具有十分重要的意义。

7.5　安全巡查

7.5.1～7.5.3　绿地养护工作中对绿地内植物、园林绿化附属设施及其他维护方面需安排巡查，及时发现安全隐患。特别是极端天气前后，安全巡查可及时发现隐患并采取相应的防护、补救措施。

7.6 档案管理

7.6.1，7.6.2 完整的绿地养护管理技术档案包括绿地建设历史基本情况、养护过程的动态情况、日常养护日志及养护管理过程中的重大事件及其处理结果、应用新技术、新工艺和新成果的单项技术资料等。

附录C　草坪和草地养护质量等级

草坪养护质量分级项目指标测定方法如下：

1）均一性是指草坪外观上均匀一致的程度，是对草坪草颜色、生长高度、密度、组成成分、质地等几个项目整齐度的综合评价，是草坪外观质量的重要特征。

2）病虫侵害率（%）的测定采用随机抽样法，每个随机抽查的样方不小于 2 m^2，总调查面积不小于草坪总面积的1%，统计被病虫侵害的草坪面积占样方面积的百分比。

3）杂草率（%）测定方法同"病虫侵害率"。

4）平整度指草坪表面平整的程度，即草坪最高处与最低处的差值。检测方法是将 3 m 直尺置于场地床面上，尺下缘与地面的最大间隙（以 cm 计）为测定结果，样本数量 20 个～30 个，取其平均值。